톡톡 창의력 그림찾기 스티커

- 32쪽에 붙이세요.

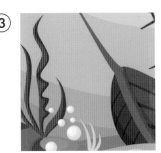

- 33쪽에 붙이세요.

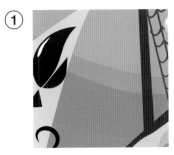
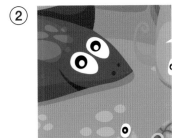

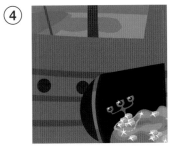

- 40쪽에 붙이세요.

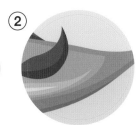

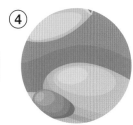

- 41쪽에 붙이세요.

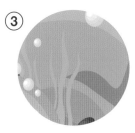

톡톡 창의력 그림찾기 스티커

- 48쪽에 붙이세요.

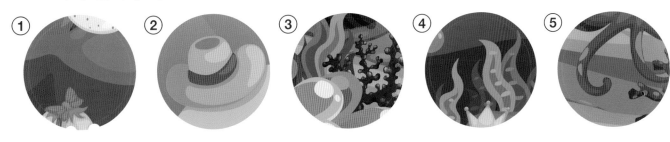

- 49쪽에 붙이세요.

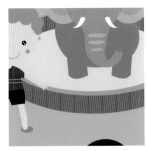

- 58쪽에 붙이세요.

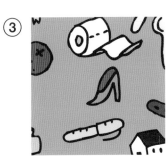

- 59쪽에 붙이세요.

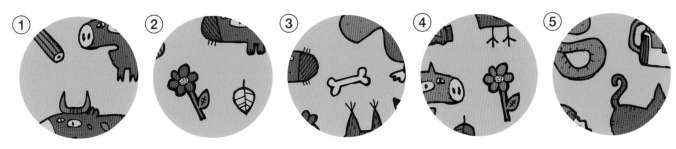

톡톡 창의력 그림찾기 스티커

● 66쪽에 붙이세요.

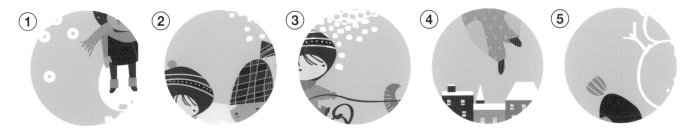

● 67쪽에 붙이세요.

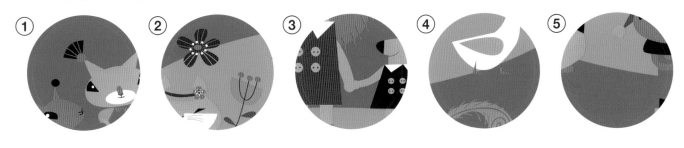

● 82쪽에 붙이세요.

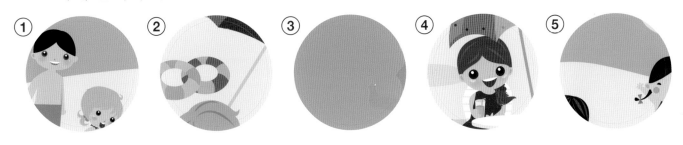

● 83쪽에 붙이세요.

관찰하고 찾으면서 머리가 좋아지는

4-6세
만 3-5세

톡톡 창의력 그림 찾기

창의수학연구소 지음

한빛에듀

창의수학연구소는

창의수학연구소를 이끌고 있는 장동수 소장은 국내 최초의 창의력 교재인 [창의력 해법수학]과

영재교육의 새 지평을 연 천재교육 [로드맵 영재수학] 등 250여 권이 넘는 수학 교재를 집필했습니다.

수학은 일반적으로 머리가 좋아야 잘 할 수 있다고 알려져 있지만 연구 결과에 따르면

후천적인 환경의 영향을 많이 받는다고 합니다. 창의수학연구소는 오늘도 우리 아이들이 어떻게

수학에 재미를 붙이고 창의력을 키워나갈 수 있게 할 것인지를 고민하며,

좋은 책과 더 나은 학습 환경을 만들기 위해 노력합니다.

관찰하고 찾으면서 머리가 좋아지는

톡톡 창의력 그림 찾기 4-6세(만3-5세)

초판 1쇄 발행 2016년 4월 15일
초판 10쇄 발행 2022년 12월 20일

지은이 창의수학연구소 **펴낸이** 김태헌
총괄 임규근 **책임편집** 김혜선 **기획편집** 전정아 **진행** 오주현
디자인 천승훈
영업 문윤식, 조유미 **마케팅** 신우섭, 손희정, 김지선, 박수미, 이해원 **제작** 박성우, 김정우
펴낸곳 한빛에듀 **주소** 서울시 서대문구 연희로 2길 62 한빛미디어(주) 실용출판부
전화 02-336-7129 **팩스** 02-325-6300
등록 2015년 11월 24일 제2015-000351호 **ISBN** 978-89-6848-448-3 64410

이 책에 대한 의견이나 오탈자 및 잘못된 내용에 대한 수정 정보는 한빛에듀의 홈페이지나 아래 이메일로
알려주십시오. 잘못된 책은 구입하신 서점에서 교환해 드립니다. 책값은 뒤표지에 표시되어 있습니다.

한빛에듀 홈페이지 edu.hanbit.co.kr **이메일** edu@hanbit.co.kr

지금 하지 않으면 할 수 없는 일이 있습니다.
책으로 펴내고 싶은 아이디어나 원고를 메일(writer@hanbit.co.kr)로 보내주세요.
한빛미디어(주)는 여러분의 소중한 경험과 지식을 기다리고 있습니다.

사용연령 3세 이상 **제조국** 대한민국
사용상 주의사항 책종이가 날카로우니 베이지 않도록 주의하세요.

부모님, 이렇게 도와 주세요!

❶ 우리 아이, 창의력 활동이 처음이라면!

아이가 창의력 활동이 처음이더라도 우리 아이가 잘 할 수 있을까 하고 걱정할 필요는 없습니다. 중요한 것은 어느 나이에 시작하느냐가 아니라 아이가 재미있게 창의력 활동을 시작하는 것입니다. 따라서 아이가 흥미를 보인다면 어느 나이에 시작하든 상관없습니다.

❷ 큰소리로 읽고, 쓰고 그릴 수 있도록 해 주세요

큰소리로 읽다 보면 자신감이 생깁니다. 자신감이 생기면 쓰고 그리는 활동도 더욱 즐겁고 재미있습니다. 각각의 페이지에는 우리 아이에게 친근한 사물 그림과 이름도 함께 있습니다. 그냥 눈으로만 보고 넘어가지 말고 아이랑 함께 크게 읽어 보세요. 처음에는 부모님이 먼저 읽은 후 아이가 따라 읽게 합니다. 나중에는 아이가 먼저 읽게 한 후 부모님도 동의하듯 따라 읽어 주세요. 그러면 아이의 성취감은 더욱 높아지고 한글 쓰기 활동이 놀이처럼 재미있어집니다.

❸ 아이와 함께 이야기를 하며 풀어주세요

이 책에는 여러 사물이 등장합니다. 아이가 각 글자를 익히면서 연관된 사물을 보고 이야기를 만들 수 있도록 해 주세요. 함께 보고 만져 보았거나 체험했던 사실을 바탕으로 얘기를 하면서 아이가 자연스럽게 사물과 낱말을 연결시켜 익힐 수 있습니다. 때에 따라서는 직접 해당 사물을 옆에 두고 함께 이야기를 하며 글자와 낱말을 생생하게 익힐 수 있도록 해주세요.

❹ 아이의 생각을 존중해 주세요

아이가 한글 쓰기를 하면서 가끔은 전혀 예상하지 못했던 생각을 펼치거나 질문을 할 수도 있습니다. 그럴 때는 아이가 왜 그렇게 생각하는지 그 이유를 차근차근 물어보면서 아이의 생각이 맞다고 인정해 주세요. 부모님이 아이를 믿고 기다려 주는 만큼 아이의 생각과 창의력은 성큼 자랍니다.

이 책과 함께 보면 좋은
톡톡 창의력 시리즈

유아 기초 교재

창의력 활동이 처음인 아이라면 선 긋기, 그림 찾기, 색칠하기, 미로 찾기, 숫자 쓰기, 종이 접기, 한글 쓰기, 알파벳 쓰기 등의 톡톡 창의력 시작하기 교재로 시작하세요. 아이가 좋아하는 그림과 함께 칠하고 쓰고 그리면서 자연스럽게 필기구를 다루는 방법을 익히고 협응력과 집중력을 기를 수 있습니다.

유아 창의력 수학 교재

아이가 흥미를 느끼고 재미있게 창의력 활동을 시작할 수 있도록 아이들이 좋아하는 그림으로 문제를 구성했습니다. 또한 아이들이 생활 주변에서 흔히 접할 수 있는 친근하고 재미있는 문제를 연령별 수준과 난이도에 맞게 구성했습니다. 생활 주변 문제를 반복적으로 풀어봄으로써 상상력과 창의적 사고를 키우는 습관을 자연스럽게 기를 수 있습니다.

5세
—————
1권

6세
—————
1~5권

7세
—————
1~6권

예비
초등
6~7세

그림으로 배우는 유아 창의력 수학 교재

글이 아닌 그림으로 문제를 구성하여 아이가 자유롭게 상상하며 스스로 질문을 찾아 문제 해결력을 높일 수 있도록 했습니다. 가끔 힌트를 주거나 간단한 가이드 정도는 주되, 아이가 문제를 바로 이해하지 못하더라도 부모님이 직접 가르쳐주지 마세요. 옆에서 응원하고 기다리다 보면 아이 스스로 생각하며 해결하는 능력을 깨우치게 됩니다.

사물 익히기

그림을 찾아요

사물 익히기

그림을 찾아요

7

사물 익히기

그림을 찾아요

버섯, 새, 아이스크림, 딸기, 사탕

8

사물 익히기

그림을 찾아요

다람쥐, 나비, 새, 물고기, 거북

사물 익히기

풍선, 자동차, 축구공, 오리, 나비

사물 익히기

 그림을 찾아요

부엉이, 쥐, 꿀벌, 달팽이, 고슴도치

사물 익히기

그림을 찾아요

사물 익히기

🔍 그림을
찾아요

13

사물 익히기

 그림을
찾아요 무당벌레, 애벌레, 오징어, 고래, 잠자리

14

사물 익히기

 그림을 찾아요

거미, 개미, 지렁이, 꿀벌, 메뚜기

사물 익히기

16

사물 익히기

그림을 찾아요

사물 익히기

 그림을 찾아요 달팽이, 바람개비, 개구리, 다람쥐, 원숭이

18

사물 익히기

 그림을 찾아요

캥거루, 얼룩말, 비치볼, 원숭이, 풍선

사물 익히기

 그림을 찾아요

사물 익히기

21

사물 익히기

🔍 그림을
찾아요

사물 익히기

그림을 찾아요

23

사물 익히기

 그림을 찾아요

사물 익히기

 그림을
찾아요

25

사물 익히기

 그림을 찾아요

거북, 하마, 쥐, 나비, 악어

사물 익히기

 강아지, 고양이, 오리

27

관찰력 기르기

쌍둥이가 없는 악어를 찾으세요.

관찰력 기르기

 쌍둥이를 찾아요

쌍둥이가 없는 홍학을 찾으세요.

29

관찰력 기르기

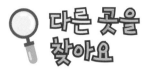 다른 곳을 찾아요   두 그림을 비교하고 다른 5곳을 찾으세요.

30

관찰력 기르기

두 그림을 비교하고 다른 5곳을 찾으세요.

31

관찰력 기르기

🔍 **조각을 찾아요**

빈 곳에 알맞은 그림을 찾아 번호를 쓰고
스티커를 붙여보세요.

관찰력 기르기

🔍 **조각을 찾아요**

빈 곳에 알맞은 그림을 찾아 번호를 쓰고
스티커를 붙여보세요.

①

②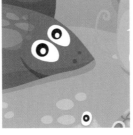

③

④

⑤

관찰력 기르기

🔍 그림을 찾아요

34

관찰력 기르기

 그림을 찾아요

관찰력 기르기

🔍 친구를 찾아요

친구가 없는 그림을 찾으세요.

관찰력 기르기

똑같은 햄버거가 없는 그림을 찾으세요.

관찰력 기르기

 다른 곳을 찾아요

두 그림을 비교하고 다른 5곳을 찾으세요.

관찰력 기르기

🔍 **다른 곳을 찾아요** 두 그림을 비교하고 다른 5곳을 찾으세요.

관찰력 기르기

🔍 조각을
찾아요

빈 곳에 알맞은 그림을 찾아 번호를 쓰고
스티커를 붙여보세요.

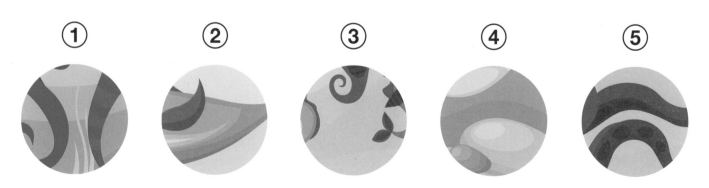

① ② ③ ④ ⑤

관찰력 기르기

조각을 찾아요

빈 곳에 알맞은 그림을 찾아 번호를 쓰고
스티커를 붙여보세요.

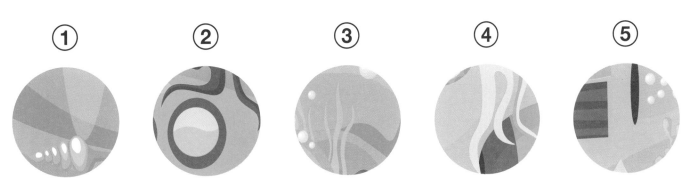

① ② ③ ④ ⑤

관찰력 기르기

 그림을 찾아요

42

관찰력 기르기

관찰력 기르기

쌍둥이가 없는 공룡을 찾으세요.

쌍둥이를 찾아요

관찰력 기르기

 짝꿍을 찾아요

짝이 없는 동물을 찾으세요.

관찰력 기르기

다른 곳을
찾아요

두 그림을 비교하고 다른 5곳을 찾으세요.

46

관찰력 기르기

🔍 다른 곳을 찾아요

두 그림을 비교하고 다른 5곳을 찾으세요.

관찰력 기르기

빈 곳에 알맞은 그림을 찾아 번호를 쓰고
스티커를 붙여보세요.

관찰력 기르기

🔍 **조각을 찾아요** 빈 곳에 알맞은 그림을 찾아 번호를 쓰고 스티커를 붙여보세요.

①

②

③

④

⑤

관찰력 기르기

그림을 찾아요

관찰력 기르기

집중력 기르기

쌍둥이가 없는 새를 찾으세요.

집중력 기르기

쌍둥이를
찾아요

쌍둥이가 없는 병아리를 찾으세요.

집중력 기르기

두 그림을 비교하고 다른 10곳을 찾으세요.

54

집중력 기르기

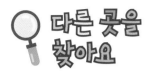

다른 곳을 찾아요 두 그림을 비교하고 다른 10곳을 찾으세요.

집중력 기르기

집중력 기르기

집중력 기르기

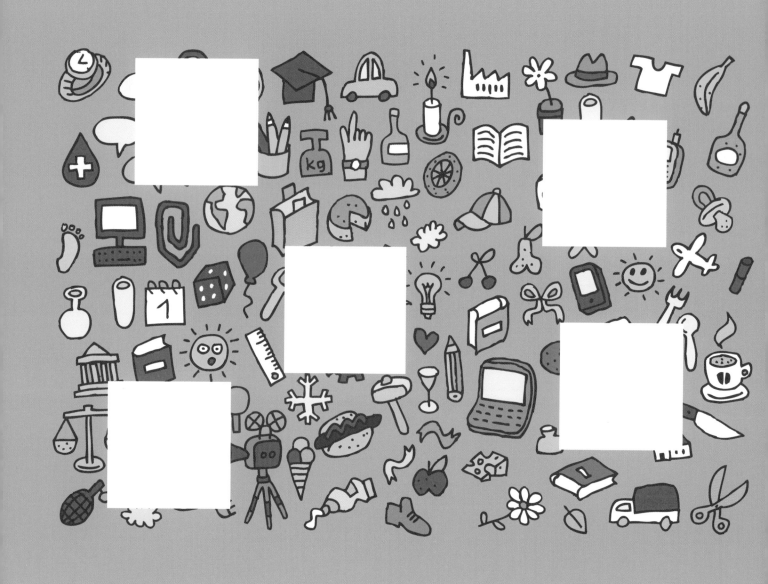

🔍 **조각을 찾아요** 빈 곳에 알맞은 그림을 찾아 번호를 쓰고 스티커를 붙여보세요.

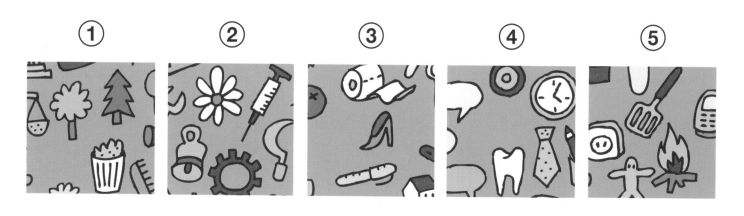

① ② ③ ④ ⑤

집중력 기르기

조각을
찾아요

빈 곳에 알맞은 그림을 찾아 번호를 쓰고
스티커를 붙여보세요.

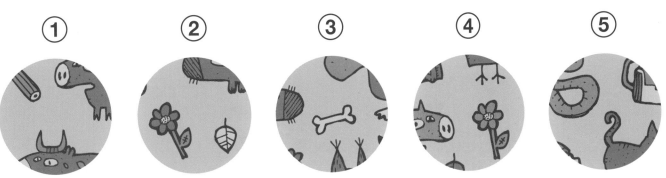

① ② ③ ④ ⑤

집중력 기르기

집중력 기르기

61

집중력 기르기

두 그림을 비교하고 다른 10곳을 찾으세요.

집중력 기르기

다른 곳을
찾아요

두 그림을 비교하고 다른 10곳을 찾으세요.

집중력 기르기

집중력 기르기

65

집중력 기르기

조각을 찾아요

빈 곳에 알맞은 그림을 찾아 번호를 쓰고
스티커를 붙여보세요.

① ② ③ ④ ⑤

66

집중력 기르기

🔍 **조각을 찾아요**

빈 곳에 알맞은 그림을 찾아 번호를 쓰고
스티커를 붙여보세요.

①
②
③
④
⑤

그림을 찾아요

집중력 기르기

집중력 기르기

그림을 찾아요

 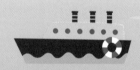  

집중력 기르기

 그림을
찾아요

71

집중력 기르기

집중력 기르기

 그림을 찾아요

집중력 기르기

집중력 기르기

그림을 찾아요

75

집중력 기르기

76

집중력 기르기

그림을 찾아요

색과 모양 구별하기

쌍둥이가 없는 비행기를 찾으세요.

색과 모양 구별하기

 쌍둥이를 찾아요

쌍둥이가 없는 닭을 찾으세요.

81

색과 모양 구별하기

🔍 **조각을 찾아요** 빈 곳에 알맞은 그림을 찾아 번호를 쓰고
스티커를 붙여보세요.

① ② ③ ④ ⑤

82

색과 모양 구별하기

🔍 조각을 찾아요

빈 곳에 알맞은 그림을 찾아 번호를 쓰고
스티커를 붙여보세요.

①   ②   ③   ④   ⑤

색과 모양 구별하기

그림을 찾아요

색과 모양 구별하기

🔍 그림을
찾아요

색과 모양 구별하기

그림을 찾아요

색과 모양 구별하기

🔍 그림을 찾아요

색과 모양 구별하기

 쌍둥이를 찾아요   쌍둥이가 없는 물고기를 찾으세요.

색과 모양 구별하기

 쌍둥이를 찾아요

쌍둥이가 없는 문어를 찾으세요.

색과 모양 구별하기

90

색과 모양 구별하기

🔍 그림을
찾아요

색과 모양 구별하기

그림을 찾아요

색과 모양 구별하기

그림을 찾아요

색과 모양 구별하기

🔍 그림을
찾아요

색과 모양 구별하기

🔍 그림을
찾아요

그림을 찾아요

색과 모양 구별하기

그림 찾기
정답

38쪽

관찰력 기르기

두 그림을 비교하고 다른 5곳을 찾으세요.

39쪽

관찰력 기르기

두 그림을 비교하고 다른 5곳을 찾으세요.

40쪽

관찰력 기르기

빈 곳에 알맞은 그림을 찾아 번호를 쓰고 스티커를 붙여 보세요.

41쪽

관찰력 기르기

빈 곳에 알맞은 그림을 찾아 번호를 쓰고 스티커를 붙여 보세요.

42쪽

관찰력 기르기

43쪽

관찰력 기르기

44쪽

관찰력 기르기

쌍둥이가 없는 공룡을 찾으세요.

45쪽

관찰력 기르기

짝이 없는 동물을 찾으세요.

46쪽

관찰력 기르기

두 그림을 비교하고 다른 5곳을 찾으세요.

47쪽

관찰력 기르기

두 그림을 비교하고 다른 5곳을 찾으세요.

48쪽

관찰력 기르기

빈 곳에 알맞은 그림을 찾아 번호를 쓰고 스티커를 붙여 보세요.

49쪽

관찰력 기르기

빈 곳에 알맞은 그림을 찾아 번호를 쓰고 스티커를 붙여 보세요.

50쪽

관찰력 기르기

51쪽

관찰력 기르기

52쪽

집중력 기르기

쌍둥이가 없는 새를 찾으세요.

53쪽

집중력 기르기

쌍둥이가 없는 병아리를 찾으세요.

54쪽
집중력 기르기
두 그림을 비교하고 다른 10곳을 찾으세요.

55쪽
집중력 기르기
두 그림을 비교하고 다른 10곳을 찾으세요.

56쪽
집중력 기르기

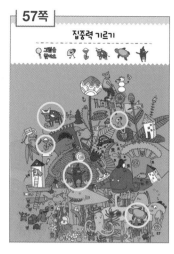

57쪽
집중력 기르기

58쪽
집중력 기르기
빈 곳에 알맞은 그림을 찾아 번호를 쓰고 스티커를 붙여 보세요.

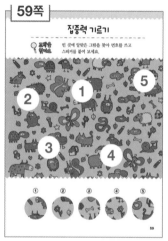

59쪽
집중력 기르기
빈 곳에 알맞은 그림을 찾아 번호를 쓰고 스티커를 붙여 보세요.

60쪽
집중력 기르기

61쪽
집중력 기르기

62쪽
집중력 기르기
두 그림을 비교하고 다른 10곳을 찾으세요.

63쪽
집중력 기르기
두 그림을 비교하고 다른 10곳을 찾으세요.

64쪽
집중력 기르기

65쪽
집중력 기르기

66쪽
집중력 기르기
빈 곳에 알맞은 그림을 찾아 번호를 쓰고 스티커를 붙여 보세요.

67쪽
집중력 기르기
빈 곳에 알맞은 그림을 찾아 번호를 쓰고 스티커를 붙여 보세요.

68쪽
집중력 기르기

69쪽
집중력 기르기

70쪽

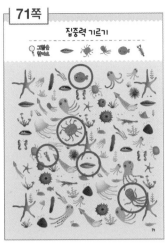

71쪽

72쪽

73쪽

74쪽

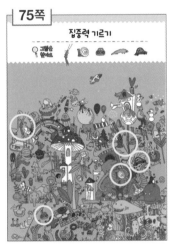

75쪽

76쪽

77쪽

78쪽

79쪽

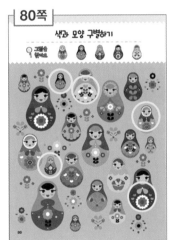

80쪽

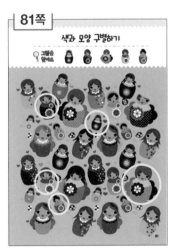

81쪽

82쪽

83쪽

84쪽

85쪽

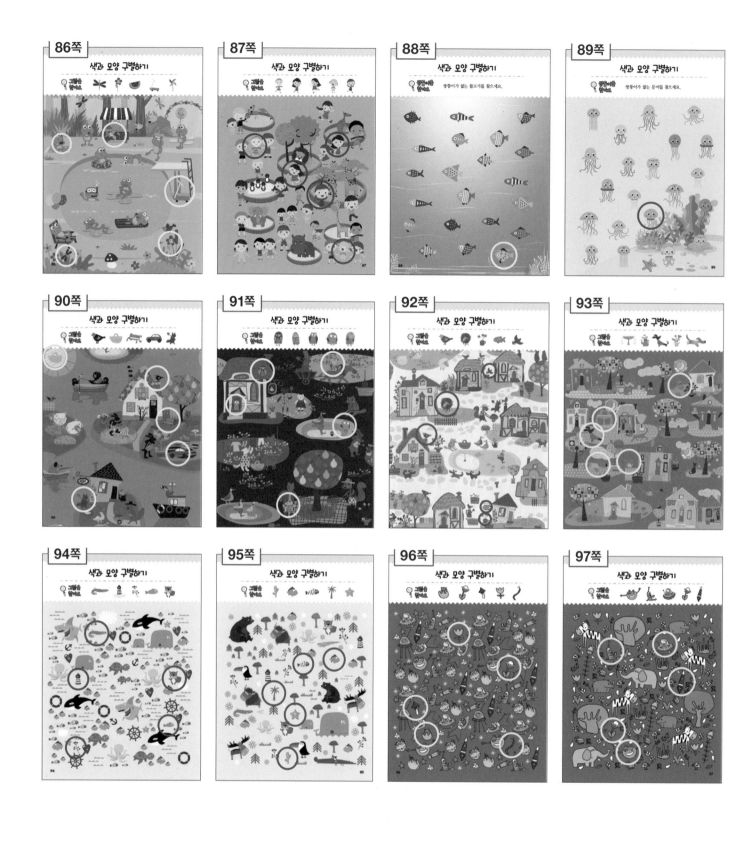